Helmut Ludwig
Menschen, Sterne, Geist
Die dunkle Energie

Helmut Ludwig

Menschen, Sterne, Geist

Die dunkle Energie

Überarbeitete 3. Auflage ©2014 Helmut Ludwig
Coverbild by Patrick Wagner
Herstellung und Verlag
Books on Demand, Norderstedt
ISBN 9783848224715

Für Mario und Tom

Vorwort

Seit früher Jugend beschäftige ich mich mit dem Sinn und Zweck des menschlichen Daseins. Später kam dann die Kosmologie hinzu. Schließlich galt mein Interesse dem Universum als Ganzes. Das führte zu Überlegungen, welche ich hier in diesem Buch wiedergebe. Das Wissen über die Themen habe ich mir aus Büchern, - eine Auswahl ist am Ende des Buches zu finden - verschiedenen Medien und vielen Gesprächen mit zum Teil sehr kompetenten Menschen angeeignet. Jenen gilt mein Dank an dieser Stelle. Besondere Erwähnung verdient Herr Dipl.-Ing. Dietrich Brauer, der mich mit vielen Auskünften beraten hat.

Es war für mich verblüffend, als mir die Zusammenhänge von abstraktem Denken und physikalischer Materie recht plötzlich klar wurden. Dabei fand ich eine gewisse Natürlichkeit darin. Obgleich ich einräume, mich vielleicht auf einem Irrweg zu befinden, glaube ich gerade wegen der Einfachheit an das Ergebnis. Wie viele Theorien klingt auch meine zunächst unwahrscheinlich. Bei näherer Betrachtung findet sich jedoch nach meiner Meinung eine Erklärung, hier dargestellt.

Auf Fachbegriffe und Fremdwörter habe ich möglichst verzichtet. Auch mit diesen Themen nicht vertraute Laien sollen gleichsam einen Einblick bekommen. Im ersten- und zweiten Teil schildere ich weitgehend Bekanntes und Nachprüfbares. Im dritten Teil füge ich das zusammen. Dabei komme ich dann zu meiner These, was dunkle Energie sein könnte. Es handelt sich dabei nur um meine Schlussfolgerungen. In wieweit diese wissenschaftlichen Bestand haben, mag weitere Forschung und die Zukunft erweisen. So gesehen soll dies Buch Anregung sein.

Der Autor

Menschen

1

Drachen, Feuer speiend und Jungfrauen verschlingend, waren bis in die Neuzeit ein Schrecken der Menschen. Einzig in China gilt ein Drache als Glückssymbol. Sonst fürchteten alle Völker neben bösen Geistern diese Untiere am meisten. Viele Märchen und Mythen mit grausigem Inhalt ranken sich darum. Am geläufigsten die Sage von Siegfried dem Drachentöter. Auch in den Volksmärchen der Gebrüder Grimm ist häufig von Drachen die Rede. Erst mit dem bekannt werden der Saurier in neuerer Zeit änderte sich das Verhältnis. Saurier üben eine eigenartige Faszination auf die heutigen Menschen aus. Sind sie doch auch recht furchterregend. Die Ähnlichkeit von Drachen mit einem Großteil der Saurier ist deutlich. Saurier sind vor 65 Millionen Jahren ausgestorben. Die Zeit – das Erdmittelalter, als die Dinosaurier lebten, war nach den Insekten die artenreichste und erfolgreichste bisher. Über 250 millionen Jahre lebten sie auf der Erde. Der Artenreichtum war beeindruckend. Erst durch Funde von Skeletten bei Ausgrabungen in den letzten 200 Jahren erfuhren die Menschen von der Existenz der Saurier. Die meisten Funde liegen erst weinige Jahre -20 bis 30 zurück. Heute sind Saurierfiguren ein beliebtes Spielzeug für Kinder. Drachen aber konnten bis ins späte Mittelalter nur Fantasiegebilde sein. Oder wie sonst kamen Menschen auf diese Märchenfiguren?

Die weltgrößte Pyramide steht in Cholula in Mexiko. Sie ist zwar nicht so hoch wie die Cheopspyramide in Ägypten, übertrifft diese an Masse aber bei Weitem. Mit über 400 mtr. Kantenlänge, gegenüber 260 mtr. bei der Cheopspyramide. Drittgrößte Pyramide ist die Sonnenpyramide in Teotihuacan bei Mexiko-Stadt. Jene wird oft fälschlich den Azteken zugeschrieben. Die Erbauer sind aber unbekannt.

Die Azteken fanden die Anlagen in Teotihuacan bei ihrer Wanderung vom Norden in den Süden bereits vor. Sie meinten, die Anlagen müssten von Riesen erbaut worden sein. Auch in Mittelamerika – Mexiko gehört geografisch zu Nordamerika – gibt es viele Pyramiden. Alle entstanden nach den ägyptischen Pyramiden. Haben die Völker in Amerika Kenntnis von diesen gehabt und sie nachgebaut?

Die Ähnlichkeit der Behausungen von den Mongolen, den Jurten, mit den Tippis der amerikanischen Indianer oder den Iglus der Eskimos ist deutlich. Man weiß, dass die Indianer von Asien über die Arktis und Beringsee nach Amerika wanderten. So ist es nicht verwunderlich, eine angeglichene Bauart vorzufinden. Die Wanderungen der Indianer waren vor etwa 15 tausend Jahren. Danach wussten die Völker nichts mehr voneinander. Wie kam es dennoch zu vergleichbaren Behausungen? Die praktitable Bauweise hat natürlich auch eine große Rolle gespielt und diese galt überall.

In der Nähe der Stadt Villahermosa, auch in Mexiko, hat man riesige Skulpturen in einem sumpfigen Urwaldgebiet gefunden. Es sind Granitblöcke, aus denen menschliche Köpfe gebildet sind. 5 bis 40 Tonnen schwer und 1,5 bis 3 mtr. hoch. Weit und breit gibt es keine Steinvorkommen. Lediglich Sumpf und Urwald. Der Transport an den Fundort bleibt ein Rätsel. Die Skulpturen werden dem Volk der Olmeken zugeschrieben. Die Olmeken hatten ihre Blütezeit etwa 1200 Jahre v. Chr. Das Besondere ist das negroide Aussehen der steinernen Köpfe. Sie haben keine Ähnlichkeit mit dem Gesichtsausdruck der Olmeken. Wie kamen sie aber darauf, die Köpfe dem Aussehen der Afrikaner nachzubilden? Wussten sie von denen?

In Höhlen bei Tan Zoumaitok in Algerien hat man 6000 Jahre alte Felszeichnungen entdeckt. Sie stellen aufrecht stehende Fische neben Menschen dar. Die Zeichner glaubten, die Menschen seien aus dem Wasser gekommen. Eine durchaus richtige Vermutung. Denn das Leben entstammt ja aus dem Wasser Nur, wie konnte ein Wüstenvolk schon vor so vielen Tausend Jahren davon wissen?

Von der Frühzeit bis zur Antike glaubten die Menschen an viele Götter. Für die verschiedensten Ereignisse gab es einen speziellen Gott. Aber immer gab es einen Hauptgott. Einen Gottvater. Ihm zu dienen leisteten die Menschen Fronarbeit. So kam es zu den erstaunlichen Bauten wie den Pyramiden. Immer größer wurden sie gebaut. Paläste und Prachtbauten entstanden. Heiligtümer und Kirchen. Immer prachtvollere Kathedralen entstanden und noch höhere Kirchtürme wurden errichtet. Alles zum Wohlgefallen des einen Gottes. Der Glaube an eine Gottheit war und ist für die Menschen ein beherrschendes Thema.

Bei den lateinamerikanischen Völkern gab es einen Glauben mit der Weissagung, dass ein weißer Gott aus dem Osten eines Tages erscheinen würde. Das machte es den Eroberern wie Cortez oder Pizarro leicht, in die Länder einzufallen und die Völker zu unterwerfen.

Der Lauf der Sonne lag dem Bau der Pyramiden in Ägypten zugrunde. Mit ihrer Ausrichtung folgen die Kanten exakt der Tag- und Nachtgleiche. Ebenso die Pyramiden in Mexico. Das gilt auch für das ansonsten rätselhafte Stone Henge in England. Auch diese Anlage aus Megalithen ist dem Lauf der Sonne im Jahr angeglichen. Fast alle prähistorischen Errichtungen von Bedeutung folgten diesem Prinzip. Die Menschen waren also schon in der Frühzeit in der Lage gewisse Zeitläufe zu deuten. Weil sie ihnen übersinnlich erschienen, errichteten sie Bauten, mit denen sie dem vermeintlich Überirdischen huldigten. Das unabhängig voneinander auf der ganzen Erde. Auch beim

Bau von Kirchen hat die Sonne – hier die aufgehende Sonne im Osten – eine wichtige Bedeutung. Richtung Osten wird die Apsis mit dem Hauptaltar errichtet. Der oder die Türme stehen folglich gegenüber nach Westen.

Was die Völker bis dato geleistet haben, ist enorm und oft bewundernswert. Es hat aber in ihrem Verhalten bis heute nichts geändert. Im Gegenteil, die Menschheit ist jetzt an einem Punkt angelangt, wo die Gefahr der eigenen Vernichtung besteht. Extreme Situationen bringen die Menschen zwar zu ungeahnten Höchstleistungen, aber sie werden auch übermütig. Inzwischen liegt Anmaßung vor. Es herrscht der Glaube alles und jedes beherrschen zu können. Das aber ist weit gefehlt. Beispiele dafür gibt es genug.

Neben dem realen Wissen und deren Umsetzung gab es natürlich auch sehr viele prophetische Aussagen. Auf Propheten und deren Orakel legten die Menschen von Anbeginn immer großen Wert. Bis heute glauben viele Menschen an Weissagungen. Manche geben dafür viel Geld aus und richten ihr Leben danach ein. Kluge Wahrsager und –innen „verkünden" eh nur, was man hören will. Nur selten sind solche Voraussagen richtig. Wenn doch, dann eher zufällig. Ausnahmen gibt es natürlich. So zum Beispiel in neuerer Zeit mit den Schriftstellern James Orwell oder Jules Verne. Ihre Geschichten und Erzählungen waren zu ihrer Entstehungszeit Utopie. Sei es die Reise zum Mond von Jules Verne oder die Laserkanone von James Orwell. Beides wurde von den Schriftstellern um Jahrzehnte voraus niedergeschrieben. Im Nachhinein zeigte sich dann ein Eintreffen ihrer Voraussagen.

Interessant ist auch, dass die Völker in weit von einander entfernten Teilen der Erde oft sehr ähnliche Entwicklungen hatten. Es ist unwahrscheinlich, von einander gewusst zu haben. So ist es anzunehmen, dass eine übergeordnete Energie Einfluss nimmt und die Entstehung steuert. In wie weit das Wahrscheinlich ist, wird im weiteren Verlauf hier erläutert.

2

Die frühen Kulturen waren oft perfekt organisiert. Deren Sozialstruktur lässt sich aber keineswegs mit heute vergleichen. Die frühen Völker lebten wesentlich naturverbundener. Es galt wie im Tierreich das Diktat des Stärkeren. Im Zusammenleben bestanden aber schon früh Regeln, welche befolgt werden mussten um das Leben, den damaligen Gegebenheiten entsprechend, in der Gemeinschaft erträglich machten. Die Errungenschaften und Gesetze früher Zivilisationen sind teilweise überliefert und gelten bis heute. So gehören die 10 Gebote aus der Bibel mit zu dem Klügsten und Besten, was bis heute Geltung hat. Richteten sich alle Menschen danach, gäbe es keine Zwietracht und Kriege. Nur Frieden und Eintracht würden herrschen. Leider benötigen wir heute Tausende Gesetze, um ein einigermaßen harmonisches Zusammenleben zu gewährleisten. Die 10 Gebote werden dem großen Religionsstifter Moses zugeschrieben. Er führte im Jahr 1230 v. Chr. das israelische Volk von Ägypten nach Palestrina. Auf dem Berg Sinai soll er die zehn Tafeln mit den Geboten aufgefunden haben. Das ist jedoch Legende.

Die ersten Zivilisationen entstanden vor etwa zehntausend Jahren. Kulturen im heutigen Sinn begannen um sechstausend v. Chr. Zuerst im Vorderen Orient. Im Zweistromland an Euphrat und Tigris. Die Sumerer bildeten eine erste Hochkultur. Zeitgleich mit den Ägyptern 3000 v. Chr. Tausend Jahre später folgten die Assyrer und wiederum zeitgleich die Perser und Chinesen. Auch zu jener Zeit blühten erste Hochkulturen in Mittelamerika auf. In Europa ging es dann weiter mit den Griechen. Vieles, was in unserer Zeit noch gültig ist, stammt aus griechischer Zeit von vor über 2500 Jahren. Danach kamen die Römer. Auch ihnen verdanken wir etliches. So unter anderem Wege- und Straßenbau. Die Wasserwirtschaft war gut ausgebaut. Sogar Fußbodenheizung war bereits gang und gäbe. Vieles aus deren Rechtssystem hat sich bis heute erhalten.

Mit der Römerzeit erstarkten auf der anderen Seite des Atlantiks die Mayas. Deren Kalender, der genaueste der Welt, ist zurzeit in aller Munde. Endete der Umlauf von 52 Jahren doch im vergangenen Jahr. Weltuntergangsstimmung machte sich breit. Dabei endet ein Umlauf bei unserem Kalender jährlich am 31. Dezember und beginnt neu am 1. Januar. So begann auch der Mayakalender neu. Eine Untergangsstimmung war also unbegründet. Solche Befürchtungen gab es aber immer schon. Dem legendären Zauberer Merlin in England kam sein Wissen über die Sonnenfinsternis zugute. Mit deren Hilfe machte er sich das Volk gefügig. Ob das der Wirklichkeit entspricht, ist nicht überliefert. Auf jeden Fall aber wäre es möglich gewesen. Nostradamus hat sich mit seinen Prophezeiungen auch unsterblich gemacht. Noch heute, 500 Jahre später, wird er zitiert. Seine Vorhersagen waren so geschickt, dass Deutungen von ihm viele Auslegungen zuließen. Die Entstehung des Mayakalenders fing aber schon vor ca. 1200 Jahren v. Chr. an. Wie die Mayas es fertigbrachten ohne Fernrohre und andere Instrumente, nur durch Beobachtung der Gestirne, einen genauen Ablauf der Jahreszeiten festzuhalten, ist bewundernswert. Ebenso wie auch alle anderen Leistungen der zuvor genannten Kulturen.

Nach den Römern gab es in der Entwicklung einen Stillstand. Erst mit dem Ende des Mittelalters etwa im 5. Jahrhundert kam es zu weiterer Zunahme von Wissenschaft und Kultur. Leonardo da Vinci, Galilei, Kopernikus und viele andere veränderten das bis dahin geltende Weltbild. Hinzu kamen die Entdecker. Allen voran Kolumbus. Bedeutend auch, Vespucci, Magellan und dá Gama. Doch schon vor 1000

Jahren waren die Wikinger in Amerika. Deren Entdeckung wurde aber nicht überliefert und geriet in Vergessenheit Die Erde war nicht länger eine Scheibe. Dass sie eine Kugel ist, hatte allerdings der Grieche Aristoteles schon tausendfünfhundert Jahre früher behauptet. Man glaubte ihm aber nicht.

Es kam die Zeit der bildenden Künste mit Malerei, Dichtung und Musik. Der Engländer Newton stellte im 17. Jahrhundert erste physikalische Gesetze auf. Anfang des 20. Jahrhunderts nahm dann mit Einstein die Grundlagenforschung einen gewaltigen Aufschwung, die bis heute anhält.

Trotz dieser Errungenschaften kluger Köpfe hat die geistige Entwicklung der aller meisten Menschen mit den riesigen Fortschritten leider nur wenig Schritt gehalten. Wie vor 4000 tausend Jahren tanzt die Menschheit wieder um das Goldene Kalb. Gut und Geld beherrschen das Dasein. Ideelle Werte verlieren immer mehr an Bedeutung. Ein Freund sagte zu mir: „Wenn Du in der Lotterie einen großen Betrag gewinnst, mach Dich um Himmelswillen nicht selbstständig oder investiere nicht in Geschäfte. Bring das Geld zu einer Bank. Mehr Gewinn kannst Du nirgends machen". Recht hat er; leider. Nur ist das nicht der Sinn der Sache. Geld soll mit der Herstellung und dem Handel von Waren verdient werden. Luftnummern am Kapitalmarkt sind viel zu risikoreich. Wohin der Handel mit Geld führt, ist in jüngster Zeit recht deutlich geworden. Auch kann man Geld nicht essen.

Viele Völker lebten entsprechend im Einklang mit der Natur. Im Laufe der fortschreitenden Zivilisation verloren die Menschen jedoch ihre Naturverbundenheit. Bis die Menschheit wieder zu dieser Einsicht kommt, dass es überlebenswichtig ist, sich der Natur unterzuordnen, oder zumindest mit ihr im Einklang zu leben, werden wohl noch Jahrtausende vergehen.

Der geistige Fortschritt ist halt sehr langsam. Hat doch Jesus in der Überlieferung schon am Kreuz gesagt:
„Vater vergib ihnen, denn sie wissen nicht, was sie tun".

Ein Hinweis auf diese langsame Entwicklung ist, dass die Menschen weit über mehrere hunderttausend Jahre nur Nomaden, Jäger und Sammler waren und eine Zivilisation aufbauende Gesellschaft sich erst nach endlos langer Zeit bildete. Trotzdem gehen das Leben und die Entwicklung immer weiter. Sonst hätten wir heute noch Dinosaurier.

3

Das menschliche Gehirn ist außerordentlich leistungsfähig. Es kann 2 Millionen voll beschriebene CD's speichern. Es beträgt ca. 2,7 % des Körpergewichtes braucht aber 20 % der Energie.

Kein Computer der Welt kann einen Roboterarm, der auf schwankendem Boden steht, ein Schiff zum Beispiel, punktgenau steuern. Für das Gehirn ist es ein Leichtes beim Kapitänsdinner die Hand zu lenken, mit einem Glas Wein anzustoßen, und das Glas zum Mund zu führen. Auch bei schwerem Seegang. Das schafft keine Technik. Aber das menschliche Gehirn ist ausserordentlich leistungsfähig und bewälitigt unglaubliche Aufgaben.

Das Gehirn von Babys und Kleinkindern vollbringt Erstaunliches. Zuerst lernt es Farben und Formen erkennen. Dann Gesichter. Bewegungen, wie stehen und gehen werden kontrolliert. Verständigung mit erlernen der Sprache kommen hinzu. Weiter die Beherrschung einiger vegetativer Funktionen – Ausscheidungen zum Beispiel. Das Lernen hört im Leben eines Menschen nie auf und das Gehirn ist bis ins hohe Alter Aufnahme fähig.

Ein sehr wichtiger Teil des Gehirns ist das Kleinhirn. Es sitzt im Hinterkopf am Hirnstamm über der Wirbelsäule. Es steuert die Bewegungen. Beim Gehen einen Fuß vor den anderen zu setzen oder beim Essen die Hand zum Mund zu führen. Das geht automatisch und darüber braucht man nicht nachzudenken. Es steuert auch das Verhalten eines Menschen. Die Funktionen werden gespeichert und im Gegensatz zum Großhirn auch vererbt. Was in Jahrtausenden, ja in über einer Million Jahren erlernt, gespeichert und vererbt wurde, prägt noch heute das Verhalten der Menschen. Daher gibt es immer wieder Erscheinungsformen, welche in neuer Zeit überholt sind. Die Angst vor Unbekanntem und Gefahren sitzt noch immer tief. Der Angriff eines Säbelzahntigers oder Naturerscheinungen mit gefährlichen Auswirkungen waren in der Frühzeit lebensbedrohlich. Flucht oder Abwehr war ein Ausweg. Heutigen Angriffen, die eher verbal und weniger körperlich sind, begegnet der Mensch immer noch mit Ausflüchten oder Angriff.

Aus der Küche höre ich das Klirren von zerbrechendem Geschirr. Ich gehe hin. Das erste, was mir entgegnet wird, ist:
„Das war ich nicht".
„Natürlich nicht" antworte ich, „die Tasse hat sich in selbstmörderischer Absicht von alleine aus dem Schrank auf den Boden gestürzt".

Hans und Franz unterhalten sich über ihren gemeinsamen Freund Seppel. Hans lässt ohne stichhaltigen Grund kein gutes Haar an Seppel. Franz dagegen nimmt Seppel in Schutz. Seppel erfährt zufällig von dem Gespräch. Er stellt Hans zur Rede. Dieser leugnet dreist und schiebt die Schuld schlechter Rede gar auf Franz. Darauf befragt Seppel den Franz. Dieser rechtfertigt sich und verlangt eine Richtigstellung von Hans. Der aber hat Ausflüchte und weigert sich, die Sache grade zu rücken. Damit gibt er indirekt zu, unrecht gehandelt zu haben.

Das sind zwei Beispiele für das Verhalten der Menschen in unserer Zeit. Abwehr und Verleugnung (vergleichbar mit Verstecken) ist gang und gebe. Das wird immer noch durch in der Frühzeit im Kleinhirn gespeichertem Erleben gesteuert. Sozial- und Sexualleben werden beeinflusst durch die alten Erfahrungen. Noch vieles andere wird fortwährend sichtbar. Erscheinungen, wie Aggression, Mobbing, Neid oder Gier haben ihre Ursachen nicht nur im Charakter des Einzelnen, sondern häufig auch durch Festsitzendes im Kleinhirn. Dazu gehört ebenfalls Eifersucht. Eine Eigenschaft, welche auch im Tierreich anzutreffen ist. Sie dient dem Erhalt des Familienverbands. Wirkt leider oft zerstörend, weil sie, genauso wie die Liebe, blind macht. Wobei viele Menschen Liebe mit Geilheit und Sex verwechseln. Auch hier werden die noch sehr archaischen Verhaltensweisen klar. Deutlich wird das unterschiedliche Denken auch beim sogenannten Generationskonflikt. Junge Menschen denken und fühlen einfach anders wie Ältere. Diese haben Erfahrungen gesammelt und betrachten vieles differenzierter. Jugendliche beurteilen ihre Umwelt weniger skeptisch. Sie haben noch Ideale. Das ist auch gut so, denn ohne Tatkraft und Aufstreben würde es keinen Fortschritt geben.

Bis heute hat der Mensch im Grunde noch keine freie Entscheidung in seinem Verhalten. Zwar ist er in der Lage, kraft seiner Gedanken im Großhirn eine gewisse Beeinflussung zu bewirken. Noch aber handelt er oft unbewusst aus dem Kleinhirn heraus. Urängste bestimmen sein Leben. Viele Menschen denken auch nicht in Argumenten, sondern in Bildern. Hinzu kommt, dass das Gedächtnis des Menschen ebenso unvernünftig wie sein Gewissen ist. Es kennt weder einen Maßstab noch ein Wertesystem. Neurologen, vor allem aber Psychiater, versuchen mit allerlei Thesen das oft merkwürdige und unlogische Verhalten der Menschen zu erklären. Aber auch hier fehlt es oft an sinnvoller Urteilskraft. Die Erklärungsversuche von Verhaltensweisen sind häufig an den Haaren herbeigezogen oder mangelhaft. Ein Paradebeispiel für Uneinsichtigkeit sind Fürsten und Politiker. Sie hören so gut wie nie auf das eigene Volk. Obwohl die Bevölkerung oft bessere Einsicht hat. Erst wenn das Volk revolutioniert kommen die „Lenker" zur Einsicht. Zu spät natürlich. Es werden noch Generationen vergehen, bis es zu einer Annehmbaren Vernunft kommt. Die Evolution wird wohl noch lange Zeit benötigen, bis die Menschen Einsicht und Vernunft auch im Kleinhirn speichert.

4

Kein Mensch gleicht dem Andern. Wir sind alle Individuen. Selbst eineiige Zwillinge haben verschiedene Linien auf den Fingerkuppen. Jedem Menschen sind Augen und Stimme eigen, so wie die Fingerabdrücke. Der Engländer Francis Galton hat die Unterschiedlichkeit der Papillarleisten = Fingerlinien schon vor über hundert Jahren festgestellt. Mit modernen Instrumenten hat man jetzt auch die Differenzen von Augen und Stimmen nachgewiesen. Durch Laseroptik festgestellt, kann man inzwischen davon ausgehen, dass die Iris Muster der Augen ebenso unterschiedlich sind, wie die Fingerlinien. Das Gleiche hat man mittels Decoder = Entschlüsselungsapparat bei den Stimmen nachgewiesen. Jeder Mensch hat ganz eigene Merkmale. Daneben unterscheiden sich die Menschen dann noch in einer Vielfalt anderer körperlicher Merkmale.

Wesentlich größer, als bei körperlichen Unterschieden, ist die Verschiedenheit aber im Fühlen und Denken. Die Differenzen sind riesen groß. Nicht nur zwischen Völkern und deren Mentalität. Jeder Einzelne hat eine eigene Auffassung und Denkweise. Objektivität ist eine Eigenschaft, welche den allermeisten Menschen abgeht. Hinreichend bekannt sind die sogenannten Stammtisch Gespräche. Eine einheitliche Meinung ist selten. Die Ansicht des einen kann noch so logisch sein, der andere will, oder besser, kann sie nicht akzeptieren. Er ist oft nicht fähig, dem anderen zu folgen. So kommt es dann zu Missverständnissen und gar Streit. Eine funktionierende Gesellschaft klappt aber nur mit einer Vielzahl von Regeln. Es soll möglichst jedem Recht getan werden. Dazu braucht es in der heute komplizierten Welt Tausende von Gesetzen. Das habe ich bereits in Kapitel 2 angedeutet. Doch die Freiheit dem einem zu gewähren, ohne die Freiheit des Andern einzuschränken, ist ein schwieriges

Unterfangen.

Eine Familie, Mutter, Vater, halbwüchsiger Sohn und jüngere Tochter wollen einen Fernsehabend gemeinsam verbringen. Aber: Mutter möchte einen Film sehen. Vater eine Sportübertragung. Der Sohn eine Castingshow. Die Tochter will gar nicht fernsehen, sondern lieber mit ihrer Schulfreundin telefonieren. Sie zu einen und zu einem Kompromiss zu bewegen ist ein schwieriges Unterfangen. Wenn schon in einer Familie solche Schwierigkeiten bestehen, wie soll es dann in einer Gesellschaft funktionieren?

Zwei andere Menschen haben Zahnschmerzen. Medizinisch ist die Ursache bei beiden gleich. Dennoch sind die Schmerzen dem einen unerträglich. Dem anderen sind sie nur unangenehm. Auch hier zeigt sich totale Individualität. Denken und Fühlen unterscheiden sich außerordentlich verschieden von Mensch zu Mensch. Hinzu kommt ein Problem, was kaum jemandem bewusst ist. Wir können Gefühle und Gedanken einzig durch Sprache und allenfalls Gestik übermitteln. Andere Möglichkeiten gibt es nicht. Die Sprache hat sich zwar hervorragend entwickelt. Aus Grunzen und Lauten in der Frühzeit ist sie entstanden. Sie kann durchaus dafür benutzt werden, fast alles zu erklären. Aber schon zwischen zwei Völkern mit verschiedener Sprache versagt die Verständigung. Und es gibt zwischen 6500 bis 7000 Sprachen auf der Welt. Aber nicht nur die unterschiedlichen Sprachen sind am Unverständnis schuld. Emotionen begleiten eine Sprache. Sind die Gemütsbewegungen des Einen wenig oder gar nicht übereinstimmend mit dem Anderen, kommt es zu Uneinigkeit. Noch ärger wird es, wenn die Sprache nur geschrieben wird. Bei Geschriebenem fehlt die Gestik und Betonung. Das zeigt sich heute sehr deutlich bei der elektronischen Kommunikation. SMS oder Chat werden häufig ganz falsch interpretiert. Missverständnisse sind vorprogrammiert. Bei diesen unendlich vielen verschiedenen Denk- und Gefühlsmustern wird es wohl nie zu Harmonie zwischen den Menschen kommen. Da nützt auch das größte Bemühen wenig. Zwei Menschen, durch Liebe vereint, sind zunächst ein Herz und eine Seele. Je nach Temperament verliert sich aber früher oder später die Zweisamkeit. Im Alltag kommt es zu kleinen Reibereien. Die werden häufiger und heftiger. Bis zum Bruch der Beziehung. Paare, die ein Leben lang in harmonischer Liebe zueinander leben, sind sehr selten. Gemeinsam alt werden, ja. Das sind aber oft Zugeständnisse. Gesellschaft, Religion oder einfach Bequemlichkeit sind der Grund. Die Mannigfaltigkeit der Menschen ist viel zu groß.

Trotzdem gibt es Verbindenes. Menschen sind alle aus dem gleichen Stoff. Ihre Lebensläufe sind trotz der Vielfältigkeit ähnlich. Vom Kind über den Erwachsenen bis zum Alter. Die Kompliziertheit des Wesens Mensch im physischen wie psychischen ist für die Verschiedenheit verantwortlich. Nicht jedoch das Geschöpf schlecht hin.

5

Die Gedanken sind eine gewaltige Macht. Mit dem Denken und dem Geist kann man einiges bewirken.

Hier wieder zwei Beispiele: Ein Sportler steht vor einem wichtigen Wettkampf. Er ist davon überzeugt der Beste zu sein. Er glaubt ganz fest an den Sieg. Der Kampf beginnt und am Ende geht der Sportler als Sieger daraus hervor.

Eine Frau ist schwer krank. Die Ärzte haben sie bereits aufgegeben. Sie aber hat einen unbändigen Lebenswillen. Sie ist durchdrungen vom Glauben an ihre Genesung. Zum Erstaunen der Ärzte wird sie nach einiger Zeit tatsächlich wieder ganz gesund.

Selbst habe ich in den letzten Jahren versucht, mit meinen Gedanken etwas herbeizuführen. Tatsächlich ist es mir bei kleineren Anliegen gelungen! Zu meinem eigenem Erstaunen. Auf diese Eigenschaften komme ich im Kapitel 10 noch einmal zurück.

Ein wichtiger Aspekt ist der Glaube. Was ein Mensch glaubt, sitzt tief und macht ihn voreingenommen. Vorurteile sind meist ein Zeichen für mangelnde Vernunft. „Credo Curé ad absurdum" Das heißt Glaube ist nicht rational, er ist ein Akt des Willens und hat nichts mit Bildung oder Intelligenz zu tun. Um es mit Einstein zu sagen: „Es ist sehr viel einfacher ein Atom zu zertrümmern als Vorurteile". Die geistige Entwicklung der Menschen ist einfach noch nicht so weit. Ein berühmtes Beispiel ist der Placeboeffekt. Placebo = Scheinmittel. Heilungen irgendwelcher Wehwehchen werden häufig durch Placebos erreicht. Obwohl diese keine wirksamen Mittel enthalten, glaubt der Patient an eine Besserung. Weitaus bedeutender noch ist der Glaube an eine Religion. Bar jeder Vernunft bindet der religiöse Glaube den Menschen. Er verweigert sich jeder Logik und folgt blind den Vorgaben seines Glaubensbekenntnisses. Es ist also tatsächlich möglich, mittels Gedanken etwas zu bewirken. Mit Löffel verbiegen und anderen Kinkerlitzchen soll das manifestiert werden. Solche Vorführungen aber sind Scharlatanerie. Trotzdem gibt es ernsthafte Untersuchungen, die den Möglichkeiten der Kraft der Gedanken nachgehen. Die Amerikanerin Martha Beck forscht seit über 30 Jahren. Sie behauptet, dass Gedanken die Zukunft beeinflussen können. Der, auch amerikanische, Dr. Joe Dispenza hat die weltweit intensivsten Untersuchungen diesbezüglich gemacht und wird weitgehend anerkannt. Er geht grundlegend davon aus, dass bei jeder neuen Erfahrung sich die Neuronen = Nervenverbindungen im Gehirn neu ordnen. Damit ist das Gehirn in der Lage sich jeder veränderten Situation anzupassen. Wie und durch was aber das Denken auf Umwelteinflüsse einwirkt, ist noch immer unerforscht. Viele Wissenschaftler sind der Meinung, mit der geistigen Entwicklung befindet sich die Menschheit in einer Zwischenphase. Abstraktes Denken ist zwar gegeben, aber im Grunde können die Fähigkeiten des Gehirns noch längst nicht erschöpfend genutzt werden. Physikalisch ist das Gehirn wohl voll ausgebildet. Seine Möglichkeiten aber bei Weitem noch nicht ausgeschöpft.

Die Erde wird wahrscheinlich noch mindestens 1 Milliarde Jahre bestehen. Zeit genug für die Evolution alles zur Perfektion zu bringen. Natürlich wird es Katastrophen geben. Asteroiden- oder Meteoriteneinschläge. Dabei werden, wie in der Vergangenheit, Gattungen ausgelöscht. Veränderungen in Flora und Fauna werden kommen. Die Oberfläche der Erde mag sich ändern. Menschen werden sich jedoch bewähren. Möglicherweise in nur kleiner Zahl. Aber sie überstehen alle Fährnisse. Der Mensch ist das einzige Lebewesen, was auf der ganzen Erde überall leben kann. Seine Anpassungsfähigkeit ist dementsprechend. In Zukunft mag sich auch der Mensch verändern. Haare und Fußzehen mögen verschwinden, weil sie nicht mehr gebraucht werden. Der geistige Fortschritt wird weiter gehen und wahrscheinlich in vielen Millionen Jahren zu Vollkommenheit gelangen. Damit einher geht dann auch die sinnvolle Bewältigung der Lebensumstände.

Hauptsächlich in den Industrieländern hat sich die durchschnittliche Lebenserwartung der Menschen in nur einem Jahrhundert fast verdoppelt. Um 1900 lag sie bei ungefähr 45 Jahren. Jetzt bei nicht ganz 80 Jahren. Ein riesiger Fortschritt. Zu verdanken der deutlich verbesserten Lebensumstände. Ob in Medizin, Ernährung oder Sozialem. Alles hat unverkennbar zur besseren Lebensqualität beigetragen. Die Zahl der Weltbevölkerung hat sich sogar in nur etwas weniger als 50 Jahren verdoppelt und in den nächsten 30 Jahren wahrscheinlich noch mal. Indirekt daran beteiligt sind die Gedanken von Forschern und Wissenschaftlern. Mit ihren Verbesserungen auf vielen Gebieten haben sie das möglich gemacht. Diese Entwicklung wird voran schreiten. Ob allerdings in dem bisherigen Tempo sei dahingestellt. Sicher aber hauptsächlich auf geistigen Bahnen. Biologisch ist der Mensch schon jetzt so gut wie perfekt. Selbst gegen schädliche Angriffe auf den Körper ist er mit seiner Immunabwehr und damit einhergehendem Fieber gerüstet. Ausgerüstet mit zwei Augen und zwei Ohren um links und rechts unterscheiden zu können und dergleichen gibt es viele Beispiele mehr. Perfekter kann es nicht sein.

Sterne

6

Am Anfang war das Universum nur ein Punkt; so wie dieser hier: > • <. Und noch kleiner! Unvorstellbar? Ja, aber man mache sich Folgendes klar: Ein 80 kg. schwerer und 1,80 mtr. großer Mensch entsteht aus einer winzigen, nur unter einem Mikroskop zu sehenden, Samenzelle und einem ebenso klitzekleinem Ei. Dabei ist in den mikroskopisch kleinen Zellen alles enthalten was den späteren Mensch ausmacht. Was vor knapp 15 Milliarden Jahren begann, wird auch heute noch immer nachvollzogen. Allerdings in Dimensionen, welche den Verstand überfordern. Sowohl der Mikro- wie der Makrokosmos sind in ihren Größenverhältnissen für uns Menschen unfassbar.

Das Universum war also in der Sekunde Null ein minimaler Punkt. Es begann mit einem großen Knall; dem Big-Bang. Das war keine Explosion, wie oft dargestellt, sondern es hat sich nur der Raum begonnen auszudehnen. In dem größer werdenden Raum konnte sich dann auch die Materie ausbreiten und entwickeln. Die Erweiterung des Raumes geschieht noch heute, inzwischen mit Lichtgeschwindigkeit. Man kann das messen. Galaxien am Rande unseres Universums entfernen sich von uns mit entsprechender Geschwindigkeit. Zu Beginn war die Ausdehnung auch sehr schnell. Nach etwa 5 Milliarden Jahren gab es eine Phase gewisser Langsamkeit. Danach erhöhte sich das Tempo der Ausdehnung auf die jetzt höchstmögliche Beschleunigung. Es gibt Experten, welche vorhersagen, dass es irgendwann zu einem Big-Rip kommt. Das heißt, zuerst werden die Galaxien auseinander gerissen, dann die Sonnensysteme und weiter hinunter bis zu den Atomen. Am Ende würde keine Materie mehr übrig bleiben. Lediglich Energie wäre vorhanden.

Sehr vereinfacht erklärt passierte zu Beginn folgendes: Nach dem großen Knall hatte die vorhandene Materie, welche zunächst nur ein viele Millionen Grad heißes Plasma war, plötzlich reichlich Platz sich zu verbreiten. Das Plasma bestand aus Helium und Wasserstoff. Da nun mehr Raum war, kühlte das Plasma ab. Der Aggregatzustand änderte sich. Wie beim Wasser. Aus gasförmigem Dampf wird flüssiges Wasser und dann festes Eis. So erging es auch dem Plasma. Es entstanden Elemente. Zunächst nur wenige, die sich verfestigten und dann weitere Elemente bildeten. Die Urwolke aus Gas und Flüssigkeit war in heftiger Bewegung. Dabei spielte die Gravitationskraft – Die Anziehungskraft ist umso größer, je mehr Masse ein Körper hat - schon eine große Rolle. Die Urmaterie wurde einander angezogen. Es bildeten sich spiralförmige Gebilde. In diesen Spiralen entstanden dann Sonnen mit Planeten. Die Planeten wiederum hatten Monde. Alle zusammen waren in Galaxien vereint. Warum sich ausgerechnet Spiralen bildeten, ist bisher noch nicht geklärt. Denkt man eingehender darüber nach, so sind sie für den Ablauf in der Zeit sinnvoll. Bis hierher ganz simpel die Entstehung unseres Universums. So einfach war und ist es aber nicht.

Wissenschaftler aller Art, besonders Physiker, Kosmologen und Mathematiker, beschäftigen sich seit hundert Jahren besonders intensiv mit der Entstehung unseres Universums. Einiges Unbekanntes wurde gelöst. Nachgewiesen ist aber nur wenig. Häufig sind es nur Thesen, die nur mittels mathematischer- oder physikalischer Gesetze bestand haben. Die Physik hat nach heutigem Wissensstand allgemeine Gültigkeit auch im Universum. Es gibt zwar eine Reihe von Vorkommnissen, die der Physik zuwiderlaufen und bis jetzt unerklärlich sind. Die Forschung arbeitet mit Hochdruck daran diese Widrigkeiten zu begründen. Ein Beispiel von Abnormen, der

Physik aber nicht widersprechend, findet sich ganz in unserer Nähe. In unserem Planetensystem.

Der folgende Satz hilft, sich die Namen und Reihenfolge unserer Planeten zu merken: >Mein Vater erklärt mir jeden Sonntag unsere neun Planeten.< **M**erkur, **V**enus, **E**rde, **M**ars, **J**upiter, **S**aturn, **U**ranus, **N**eptun und **P**luto. Letzterer ist allerdings kürzlich vom Planeten auf einen Asteroiden herabgestuft worden.

Zurück zu den Ungereimtheiten. Hier geht es um Uranus. Er ist etwa 4 Mal so groß wie die Erde. Das Gewicht ist 15 Mal mehr. Seine Achse ist als einzige aller Planeten waagerecht zur Sonne ausgerichtet. Daher gibt es keinen Wechsel von Tag und Nacht. Eine Hälfte wird immer von der Sonne beschienen. Auf der anderen Hälfte herrscht ewige Nacht. Bei allen anderen Planeten steht die Achse mehr oder weniger senkrecht zur Sonne. Ein Umlauf um die Sonne dauert bei Uranus 84 Jahre. Weiter ist sein Magnetfeld nicht von den Achsenenden ausgehend. Im Gegensatz zu allen anderen Planeten. Es gibt noch weitere unbedeutende Abweichungen. Solche Merkwürdigkeiten sind im riesigen Universum natürlich zu hauf vorhanden. Da sind zum Beispiel die schwarzen Löcher zu erwähnen. So weit man heute weiß, entstehen diese nach dem Kollaps = Zusammenfall eines Riesensterns. Vergleichbar wäre etwa das Schrumpfen einer Bowlingkugel auf die Größe eines Pfefferkorns. Das Gewicht bliebe dasselbe. Die Masse eines solchen Riesensterns ist unvorstellbar groß. Daher lässt die Gravitation nichts mehr nach draußen und zieht alles in die Nähe kommende an. Nicht mal Licht kann entweichen. Nur die Hawkingstrahlung, eine Hochenergiestrahlung, gelangt vom schwarzen Loch fort. Die Hawkingstrahlung ist eine von dem britischen Physiker Stephen Hawking 1975 postulierte Strahlung der Schwarzen Löcher.

Die schwarzen Löcher geben viele Rätsel auf. So ist ungeklärt was mit der unvorstellbar dichten Materie geschieht. Es gibt Theorien, wonach sich aus ihnen neue Universen bilden. Das ist aber sehr fraglich. Denn etwas größer als ein Punkt sind sie doch. Auch wo ist der Raum außerhalb des unseren, indem sich ein Universum entwickeln kann? Gibt es überhaupt Raum oder was auch immer neben unserem Universum? Viele ungeklärte Fragen.

Es gibt mehrere Milliarden Galaxien. Jede davon hat geringstenfalls 1 Milliarden Sterne = Sonnen. Die meisten Sonnen haben ein oder mehr Planeten. Hochgerechnet kommt man auf eine Zahl die mindestens 36 Stellen hat: 1000000000000000000000000000000000000. Ganz zu Recht spricht man von astronomischen Zahlen. Bei dieser unermesslichen Menge von Planeten (die hier nur ein Minimum darstellt und oft wesentlich größer ist) kommt man unwillkürlich auf den Gedanken, wie viele

Außerirdische es geben mag. Die Anzahl von Leben im All dürfte wesentlich kleiner, sogar überschaubar sein. Um Leben auf einem Planeten, wie auf unserer Erde möglich, entstehen zu lassen, bedarf es fast ebenso unendlich vieler Gegebenheiten. Die Fundamentalkräfte müssen genau die Werte haben, wie sie hier auf der Erde vorhanden sind. 1. Die aller wichtigsten sind der Abstand zur Sonne und damit die Temperaturen. 2. Die Masse wegen der Gravitation. Wäre die Gravitationskraft größer, hätte sich das Universum nie ausgedehnt. Die Kraft hätte alles zusammen gehalten. Wäre sie kleiner, hätten sich die Massen zu schnell verbreitet und es hätten sich keine Sterne gebildet. Astronauten verlieren bei längerem Aufenthalt im Orbit stark an Muskeln, weil die Schwerkraft gering ist. 3. Die Atmosphäre in welcher der ständige Beschuss von kleinen Meteoriten verglüht. 4. Das Magnetfeld, was vor hoch energetischen Strahlen schützt. 5. Die Schräglage der Achse, welche den Wechsel der

Jahreszeiten hervorruft. Damit einher geht das ständige Werden und Vergehen von Flora. 6. Die Zusammensetzung der Elemente. Das Vorhandensein von Wasser und Sauerstoff. Es gibt zwar Bakterien, welche von giftigen Substanzen leben, eine weitere Entwicklung ist jedoch aussichtslos. Die Präzision, mit der diese Fakten abgestimmt sein müssen, damit Leben auf unserem Planeten Erde entstehen konnte, beträgt $1:10^{60}$ – eine Eins mit sechzig Nullen. Eine weitere Betrachtung mit Details würde den Rahmen dieses Buches sprengen. Zunächst geben wir uns mit diesen wenigen Aussagen zufrieden.

7

Zu den schwindelerregenden Zahlen, von denen im vorhergehenden Kapitel die Rede war, kommen weitere hinzu. Die Lichtgeschwindigkeit zum Beispiel. Offensichtlich das Schnellste im Universum. Schon Professor Einstein hat das vor über hundert Jahren bestimmt. Bei Lichtgeschwindigkeit wird in einer Sekunde ein Weg von annähernd 300000 km. zurück gelegt. Also rund sieben Mal um den Erdäquator. Oder wäre es möglich mit Lichtgeschwindigkeit zu reisen, von Frankfurt nach New York in 0,0233333 Sekunden. Das Licht der Sonne braucht 8 1/3 Minuten, bis es die Erde trifft. Zu dem uns am nächsten gelegenen Sonnensystem Alpha-Proxima-Centauri wären wir mit Lichtgeschwindigkeit 4 Jahre und 3 Monate unterwegs. Eine Reise durch unsere eigene Galaxie, die Milchstraße, von einem Ende zu den Anderen würde hunderttausend Lichtjahren dauern. Dabei ist die Milchstraße eine Galaxie von durchschnittlicher Größe. Es gibt kleinere, aber auch viel Größere. Eine Fortbewegung mit Lichtgeschwindigkeit dürfte für Menschen immer eine Utopie aus dem Reich der Science-Fiction sein. Mit dem heute möglichen Tempo von 28000 km. per Stunde bräuchten wir für die Reise zu unserem Nachbarplaneten Mars immerhin neun Monate. Solche Daten veranschaulichen die unvorstellbaren Entfernungen im All. Eine von Menschen abgesandte Nachricht ist bis zum Erreichen möglicher außerirdischer, verständiger Wesen mindestens viele Tausend Jahre und länger unterwegs. Die Antwort käme in ebenso langem Zeitraum erst zurück. Bedenkt man, wie im 2. Kapitel erwähnt, dass die Menschheit erst knapp 10 Tausend Jahre Zivilisation hinter sich hat, wird wohl klar, dass eine Kommunikation mit außerirdischen nie möglich sein wird. Eine denkbare Möglichkeit lasse ich hier offen. Im dritten Teil komme ich darauf zurück.

Es zeigen sich bei allen Betrachtungen die unermesslichen Entfernungen im Universum. Im Raum außerhalb von Planeten mit oder ohne Atmosphäre, deren Monden, Sonnen und Galaxien ist nichts. Absolut gar nix? Nein, das ist falsch. Da sind Photonen, die das Licht entfernter Sterne übertragen. Es gibt Neutrinos in Massen. Neutrinos sind Teilchen, die nur eine sehr kleine Masse haben. Sie sind elektrisch neutral. Und es gibt weitere Teilchen. Sie sind so klein, dass sie experimentell nur äußerst schwer nachzuweisen sind. Im schweizerischen Elektronensynchroton CERN oder dem deutschen DAISY sind Spuren nachgewiesen worden. Durch mathematische Berechnungen kommt man auf diese Teilchen. Da sind dann Quarks, Leptonen oder Bosonen im Spiel. Mit etlichen Theorien will man diesen Bausteinen auf den Grund kommen. Bekannt ist dabei die Stringtheorie, heute Membrantheorie genannt. Diese Theorie mit 8 oder gar 12 Dimensionen führt aber nicht weiter und dürfte bald in der Versenkung verschwinden.

Was hält die Welt in ihrem Innersten zusammen? Um diese Frage drehte sich schon in Goethes „Faust" alles. Das war zwar vor rund 200 Jahren, eine Beantwortung steht aber noch aus. In naher Zukunft könnte sich das ändern: Wissenschaftler am Schweizer Kernforschungszentrum CERN nähern sich nach eigenen Angaben dem Nachweis eines Higgs-Boson (benannt nach dem britischen Physiker Peter Higgs) genannten Teilchens, das aufgrund seiner vermuteten Eigenschaften auch als „Gottesteilchen" bezeichnet wird. Stimmen die Theorien, dann ist das Higgs-Boson nicht weniger als der Schlüssel zur Entstehung unseres Universums. Vereinfacht gesagt ist es das Higgs-Boson, das allen anderen Elementarteilchen ihre spezifische Masse zuweist und somit letztlich dazu führt, dass sich diese überhaupt verbinden können. Hätten diese Bausteine der Materie keine Masse, würden sie mit Lichtgeschwindigkeit durch den Kosmos rasen und könnten sich nicht zu Atomen zusammenballen. Ohne das Gottesteilchen wäre das Universum demnach ziemlich trostlos, es gäbe keine Sterne, keine Planeten, nicht mal chemische Elemente - und schon gar kein Leben.

Tatsächlich ist der Raum aber so riesengroß, und all diese Teilchen so mikroskopisch, dass sie im All und dem Vakuum kaum nachweisbar sind. Noch etwas anderes macht den Forschern großes Kopfzerbrechen. Die Massen, Planeten, Sterne und Galaxien machen nämlich nur 5 % im Universum aus. Neben dem zuvor erwähntem Higgs-Boson muss es noch etwas geben, was das Universum so möglich macht, wie es uns bekannt ist. Vermutet wird eine so bezeichnete „dunkle Materie". Die könnte aus Higgs-Bosonen bestehen und weitere 25 % ausmachen. Schließlich bleiben restliche 70 %. Das wäre der Löwenanteil im Universum, und wird als „dunkle Energie" bestimmt. Damit beschäftigt sich der dritte Teil dieses Buches ausführlich.

8

Zuvor bleiben wir aber noch bei den Sternen. Der nächtliche Sternenhimmel fasziniert die Menschen seit Urzeiten. Die Beobachtung der Sterne und daraus gezogene Schlüsse beeinflussten das Leben der Menschen in hohem Maße. (Siehe auch Kapitel 2). Sterne wiesen den Menschen oft den Weg. Die Polynesier, die sich über den Pazifischen Ozean verbreiteten, richteten sich nach den Sternen. Die frühen Seefahrer, wie die Phönizier und Wikinger ebenfalls.

Die Sterne aber, welche die Menschen am Nachthimmel bewundern, sind gänzlich lebensfeindlich. Es handelt sich um Sonnen mit Temperaturen von vielen Millionen Grad. Auf ihnen tobt ein totales Inferno. Planeten sind mit bloßem Auge nicht auszumachen. Ausnahme die unseres eigenen Sonnensystems. Unsere Planeten sind uns nahe, werden von der Sonne angestrahlt und wir sehen das reflektierte Sonnenlicht. Im ferneren Kosmos ist so eine Reflexion zu schwach und kann nur mit den stärksten Teleskopen ausgemacht werden.

Es soll nun aber nicht heißen, Sterne hätten einen Einfluss auf die Menschen. Die Astrologie entbehrt jeder wissenschaftlichen Grundlage. Schon die Festlegung der Sternenbilder auf die Monate hat sich im Lauf der Jahrhunderte verschoben. Um einen ganzen Monat. Ein heutiger Krebs ist in Wahrheit ein Zwilling, ein Steinbock ein Schütze und so weiter. Auch gab es zu Beginn der Festlegung Sternenbilder 13 an der Zahl. Den Schlangenträger, welcher jedoch im Laufe der Zeit keine mehr Beachtung fand. Von Sternenbildern, auch fälschlich Tierkreiszeichen genannt, auf Wesenszüge oder Schicksale der Menschen zu schließen ist barer Unsinn. Viel eher hat die Jahreszeit oder der Geburtsmonat Auswirkung auf den Charakter. Ein im Hochsommer, Juli, August geborener, liebt die Pracht und Fülle. Die Sonne entfaltet zu dieser Zeit ihre ganze Kraft. Felder sind voller Korn. Bäume tragen Früchte. Alles ist in Blüte. Aber eine Wirkung von den Sternen ausgehend, ist so minimal, dass keinerlei Auswirkung auf uns Menschen möglich ist. Die Entfernungen sind, wie im Kapitel zu vor beschrieben, viel zu groß. Einzig der Mond wirkt wegen seiner Nähe zur Erde mit seiner Gravitation auf die Erde. Ebbe und Flut der Meere zum Beispiel. Eine Wirkung auf Menschen, Mondsüchtigkeit etwa, ist in zahlreichen Untersuchungen wissenschaftlich nicht im Geringsten belegt.

Auffällig ist folgendes: Alle Astronauten, nüchterne, logisch denkende Wissenschaftler, wurden ausnahmslos nach ihrer Rückkehr aus dem Orbit tief religiös. Die Ansicht der Erde im Ganzen von außen und der ohne Atmosphäre ungehinderte Blick ins Universum haben alle sehr beeindruckt.

Gesichert ist noch etwas ganz anderes. Die

Gesetze der Physik gelten im ganzen Universum. Genauso die der Mathematik. Beides ist unumstößlich. Zudem sind sie absolut logisch und damit perfekt. Dem Werden und Vergehen von Sternen mit Planeten, deren Monden und der Galaxien liegen immer die gleichen Voraussetzungen zugrunde. Varianten schließen Grundsätzliches nicht aus. Daher behaupte ich auch, kleine grüne Männchen und sonstige skurrile Geschöpfe sind pure Fantasie. Außerirdische Lebensformen dürften sich auch nur gering von dem auf der Erde unterscheiden. Wie gesagt, die Gesetze sind im Universum überall gleich und damit auch die Gestalt von Lebewesen. Mit diesen Gesetzmäßigkeiten beschäftigen sich viele Wissenschaftler bis ins kleinste Detail und kommen dabei auf abenteuerliche Thesen. Von Antimaterie und parallel Universen ist da die Rede. Gibt es noch andere Universen? Was befindet sich dann dazwischen? Nichts? Oder grenzen sie unmittelbar aneinander? Die Antwort auf solche Fragen ist hypothetisch und eigentlich illusorisch. Der Kosmos ist im Kleinen mit Atomen, Quarks, Leptonen und Bosonen so winzig, dass er die Vorstellungskraft auch von Wissenschaftlern überfordert. Sie arbeiten nur theoretisch, obgleich gerade die Wissenschaft Beweiskraft fordert und Unbewiesenes nicht gelten lässt. Für den Kosmos im Großen mit Galaxien und den riesigen Entfernungen gilt das genauso. Darum forschen die Wissenschaftler ganz verbissen, um endlich mit schlagkräftigen Beweisen für das Geschehen im Kosmos aufzuwarten. Wobei es jedoch immer verwirrender wird, je mehr erforscht wird. Die komplexen Zusammenhänge sind so unübersichtlich, dass es unmöglich scheint, diese einer vernüftigen und logischen Erklärung zu zuführen. Aber möglicherweise kommt es doch, noch in diesem Jahrhundert, zu greifbaren Ergebnissen. Wie im weiteren Verlauf de Buches noch erläutert wird, hat höchstwahrscheinlich

Eine besondere Kraft die Hand mit im Spiel.
Am Ende wird sich eine einfache Logik, welche alles erklärt, herausstellen.

Geist

9

Der Geist, welcher in Burgen und Schlössern ältere Damen und kleine Kinder erschreckt, ist hier natürlich nicht gemeint. Es geht um den Geist der Gedanken im weitesten Sinn. Nur was ist denn nun Geist? Geist ist nicht belegbar. Es gibt keine Strahlungen, keine Materien, keine elektrische Ladungen. Geist ist physikalisch durch nichts nachzuweisen. Er ist aber existent. Das wird kein Mensch leugnen.

Geist hat so gut wie nichts mit Intelligenz zu tun. Zivilisation und Kultur wären ohne Geist gar nicht zustande gekommen. Sei es die Baukunst, Musik oder Malerei. Vor allem aber auch die Niederschriften. Ohne Schrift gäbe es nur wenige Überlieferungen. Vieles, was wir aus der Vergangenheit wissen, verdanken wir jenen Geistern, welche die Ereignisse der Zeit in Schriften festhielten. Geist ist allumfassend. Es gibt nichts, was nicht denkbar wäre.

Er ist in seiner Ausdehnung durchaus mit dem Kosmos vergleichbar. Er ist universal. Ich wage sogar zu behaupten, Geist ist unendlich. Die Verknüpfungen sind unaufhörlich. Alles, was überhaupt nur vorstellbar ist, kann mittels Gedanken oder Geist erdacht werden Damit komme ich zu meiner Kernaussage:

Geist ist die dunkle Energie!

Diese These zu stützen bedarf es umfassender Erläuterung, welche ich im Folgenden ausführlich schildern werde.

Warum dunkle Energie? Die Bezeichnung rührt daher, weil diese Energie nicht nachweisbar ist, daher im Dunkeln liegt. Allem Wissen nach muss sie aber vorhanden sein. Richtiger wäre Gottes-Energie oder -Geist. Damit Geist erkennbar wird, braucht es vor allem ein hoch entwickeltes Gehirn. Nur damit ist es möglich, sich mit Geist zu befassen. Menschen haben so ein Gehirn. Wir erinnern uns an Kapitel 3 und 5. Wie dort schon geschildert, kann Geist durchaus etwas bewirken. Zu welchen Leistungen Menschen befähigt sind oder waren, habe ich im ersten Teil des Buches angeführt. Da stellt sich die Frage, wie die Menschen darauf gekommen sind? Wie haben die Menschen ohne die heutige Wissenschaft, ohne die vielen technischen Möglichkeiten, ihre teilweise gewaltigen Leistungen zustande gebracht? Ist es der wissende Geist, welcher allgegenwärtig ist? Ist es die zweifellos vorhandene dunkle Energie? Hat diese die Menschen inspiriert? Das ist sehr wohl möglich. Und wird auch so sein! Ich nehme an, die allermeisten Menschen glauben daran, eine höhere Macht steuert sie.

Wie bereits geschildert unterliegt unser Geist nicht allein unserem Willen. Kann es nicht sein, dass sogar alles was ein Mensch denkt durchdie unermesslich riesige dunkle Energie vorgeben ist? Die dunkle Energie macht etwa ¾ des

Universums aus. Sie ist zu allem fähig und hat wohlmöglich die Entstehung des Kosmos überhaupt erst hervorgebracht. Denkt man über die „Geheimnisse" des Universums nach, kommt man unweigerlich zu dem Ergebnis, dass alles einen Sinn hat. Es gibt keine Zufälligkeiten. Auch wenn es manchmal den Anschein hat und uns Menschen die Logik verborgen bleibt. Einer Folgerichtigkeit können wir uns aber nicht verschließen. Ist alles Absicht mit Sinn und Logik, dann ist das Geist. Es gibt also einen Willen. Dieser Wille plant und lenkt.

Oder besser hat alles so bestimmt, wie es sich darstellt. Die Perfektion, welche sich auf allen nur denkbaren Gebieten zeigt, ist nicht zu leugnen. Sei es Biologie, Chemie, Physik, Kosmologie oder als größter Beweis die Mathematik. In der Mathematik gibt es keine Ungewissheit. Zwei Mal zwei sind vier. Nicht mehr und nicht weniger. Sie ist unumstößlich. Das Ineinandergreifen von Biologie mit der

Nahrungskette; der Aufbau von Atomen, Molekülen, Elementen; die Wirkung von Magnetismus und elektrischer Energie; alles ist aufeinander abgestimmt. Und zwar so, dass es keine besseren Lösungen gibt. Es ist also alles vorgegeben durch die dunkle Energie. Sie bestimmt unseren Geist. Physikalische Gesetze und Mathematik und vieles mehr leiten das Denken. Ob wir wollen oder nicht. Daraus kann man nicht entfliehen. Auch wenn man es meint.

Es zeigt sich hier wieder, dass das schon unsere Vorfahren vor Tausenden Jahren erkannt haben. Wie sonst wandten sie sich vom Geisterglauben ab und glaubten zumindest an eine übergeordnete, alles beherrschende Macht? Sei es nun Zeus, Odin oder Manitu und andere Gottheiten. Dieser Wille, Geist und Gott, hat alles geplant. Die Natur zu manipulieren versuchen die Menschen immer wieder. Es zeigt sich aber eben so oft, das geht nur in geringem

Maß. Die Natur ist letztlich stärker. Das Lebensprinzip in der Natur beruht auf Leistung. Nur der Stärkere und Befähigte kommt weiter.

In der Natur zeigt sich ebenfalls eine ungeheuerliche Vielfalt. Seit millionen von Jahren gleicht kein Sonnenaufgang dem Anderen. Die kristalline Form von Schneeflocken ist keiner anderen Flocke gleich. Kein Vogelkleid gleicht einem Artgenossen. Die Individualität ist eine astronomische Größe. Alles Zufall? Wohl nicht. Unserem Gehirn ist es einfach nicht möglich, auch nur einen Bruchteil zu erfassen. Je mehr wir unser Wissen erweitern, umso komplizierter wird alles für uns. Hinter allem steckt aber ein Sinn. Eine Absicht. Das kann nur übergeordneter Geist sein. Über das, Wie, Warum und Weshalb kann, man nur fabulieren. Die Zusammenhänge sind auf jeden Fall auffällig. Geht man noch weiter und bezieht abstrakte Gedanken in diese Überlegungen mit ein, kommt man auch zu dem Schluss, dass selbst die abwegigsten Einbildungen einer unendlichen Vielfalt entspringen. Auch hier zeigt sich die unfassbare Größe der dunklen Energie. Ist schon das materielle Universum für die Menschen unbegreiflich in seiner Dimension, wie soll dann erst die hundertfach größere dunkle Energie begreiflich sein?

Selbst in der Bibel gibt es einen bedeutsamen Hinweis. Die Geschichte von der Vertreibung aus dem Paradies. Adam und Eva hatten ein Leben ohne Probleme. Sie hatten eine Symbiose mit Gott – der dunklen Energie. Erst nachdem sie Erkenntnisse erlangten, begann ihnen die Unzulänglichkeiten im Leben bewusst zu werden. Erst ab da stellten sie Fragen. Sie wurden von der dunklen Energie zwar weiter gelenkt, aber es fehlte der bedingungslose Glaube daran.

Jesus von Nazareth predigte von der immerwährenden bedingungslosen Liebe Gottes für die Menschen. Setzt man Gott mit der dunklen

Energie gleich, so ist das folgerichtig. Die dunkle Energie ist für Menschen unabdingbar.
Schon René Descartes postulierte: „ego cogito, ergo sum"; ich denke, also bin ich.

Ohne Sinn und Verstand ist ein Leben für Menschen nicht vorstellbar. Den hauptsächlichen Anteil daran hat die dunkle Energie.

10

Ein wesentlicher Aspekt zum Leben eines Menschen ist das Unterbewusstsein. Es steuert die Körperfunktionen, ohne das daran ein Gedanke verschwendet wird. Es arbeitet völlig automatisch. Es sorgt für den Bestand aller lebenswichtigen Vorgänge bis ins hohe Alter. Es ist darauf programmiert die Lebensqualität in gutem Verhältnis zur Umwelt zu halten. Doch nicht nur das. Das Unterbewusstsein sorgt auch für das geistige Geschehen im Leben der Menschen. Viele Handlungen und Taten entspringen dem Unterbewusstsein. Da es absolut frei von Moral, Recht oder Unrecht ist, ergeben sich daraus aber auch positive wie negative Perspektiven.

Hier stellt sich nun die Frage, woher kommt das Unterbewusstsein? Es ist zweifellos vorhanden. Daher gehe ich davon aus und komme damit wieder auf den Kern meiner Behauptung zurück, dass es die dunkle Energie ist.

Diese allumfassende Kraft steuert uneingeschränkt sämtliche Lebensvorgänge. Nicht wie, man denken könnte, im Sinne des Bewusstseins, sondern davon unabhängig. Es ist die Kraft, welche im Universum ausschlaggebend ist. Sie sorgt für den Ablauf von allen nur denkbaren Vorgängen. Die dunkle Energie ist beherrschend. Da es im Kosmos kein oben oder unten, kein rechts oder links gibt, ist diese Stärke auch universell vorhanden. Es gibt nichts, aber auch gar nichts, was diesem Wirkungsvermögen unbekannt ist. Dabei sorgt sie dafür, dass alles zum Bestehen und Fortführen läuft.

So gesehen kann man dieser Kraft auch vertrauen. Da sie im Grunde für den Bestand und zwar im Positiven sorgt. Der Philosoph Konrad Lorenz hat zum Sinn des Lebens gesagt: „Wir sollen Leben und wir sollen gut leben".

Nicht nur das Unterbewusstsein der Menschen wird von der dunklen Energie gelenkt.

Auch alle anderen unermesslich vielfältigen Vorgänge im Universum werden von ihr gesteuert. Das Werden und Vergehen von Sternen mit ihren Planeten und deren Monden genauso. Alles, was im Universum geschieht wird von ihr bestimmt. Es ist unabänderlich. Dabei wird klar, dass sie riesengroß und alles übertreffend sein muss, und nur so eine gewaltige Kraft (immerhin 70% des Universums ausmachend) dazu in der Lage ist.

11

Fest mit Geist verbunden sind auch Emotionen und Gefühle. Das macht die Sache oft undurchsichtig, denn Gefühle entbehren meist jeder Vernunft. Gerade weil aber Empfindungen das Denken sehr beherrschen, ist es recht schwer, folgerichtige Schlüsse zu ziehen. Stimmungen sind ausschlaggebend für das rationale Denken. Je nachdem, ob fröhliche oder traurige Laune vorliegt, ist auch das Denken unterschiedlich. Hier wird wieder deutlich, welch immense Vielfalt im Geist liegt. Setzt man die dunkle Energie mit Geist gleich, kann man sich vorstellen, dass diese weder Zeit noch Raum kennt.

Vor kurzem rief ich einen Freund an, von dem ich lange nichts gehört hatte. Er sah auf seinem Telefon Display – Anzeige - meinen Namen und meldete sich sofort:
„Helmut, gerade habe ich den Hörer in die Hand genommen, um Dich anzurufen. Das ist

ja Gedankenübertragung". Ähnliches werden viele der geneigten Leser auch schon erlebt haben.

Mein Vater war als Soldat im Norden Norwegens stationiert. Er hatte mit meiner Mutter in Wien ausgemacht, sie wollten jeden Abend bei klarem Himmel um 10 Uhr den Polarstern ansehen und dabei aneinander denken. Das ging einige Wochen sehr gut. Eines Abends aber spürte meine Mutter, mein Vater ist nicht da. Sie hatte sich nicht getäuscht, denn er war urplötzlich versetzt worden und unterwegs zu einem anderen Stützpunkt.

Was ist Gedankenübertragung? Wie schnell sind Gedanken? Wenn sich zwei Menschen sehr nahe stehen, kann es passieren, dass sie sich ansehen und wissen, was der andere denkt. Der Austausch von Gedanken erfolgt blitzschnell. Möglicherweise sogar schneller wie das Licht. Messbar ist das nicht; vorstellbar jedoch. Die dunkle Energie befindet sich überall im Kosmos. Da sie Geist ist, kann sie auch über riesige Entfernungen gleichzeitig vorhanden sein. Gedankentransfer könnte damit schneller wie das Licht sein. Eine Verständigung mit Außerirdischen, sofern sie auf dem gleichen oder höheren Entwicklungsstand wie wir Menschen sind, könnte einzig mit Gedankenaustausch funktionieren. Alles Andere ist, wie in Kapitel 7 geschrieben, unmöglich.

12

Für die Verbindung von Physik mit Geist und Gefühl gibt es ein beispielhaftes Phänomen. Die Musik. Natürlich haben auch viele andere physikalische Funktionen, wie chemische oder elektro-magnetische, eine Auswirkung auf das Gehirn. Bei keiner aber wird das so deutlich, wie bei der Musik. Sie wird rein physikalisch erzeugt. Mittels Instrumenten aus Holz, Metall oder anderen Materialien. Musik ist die Folge einer Vielzahl von Tönen. Mit nur 8 Noten kann eine fast endlose Zahl von Melodien erzeugt werden. Jeder Ton hat eine bestimmte Schwingung. Die Schwingungen werden pro Sekunde in Hertz gemessen. So hat der Kammerton A eine Schwingung von international 440 Hz. In Deutschland und Österreich benutzen die Orchester den Wert 443 Hz. Diesen Ton wendet man zur Abstimmung der verschiedenen Instrumente an. Vor Beginn eines Konzertes wird, meist von einem Fagott vorgegeben, der A-Ton angespielt und alle anderen Instrumente stimmen sich darauf ein. Alle haben dann beim Ton A die gleiche Schwingung. Trotzdem klingt jedes Musikinstrument anders. Das liegt an den dem Instrument eigenen Oberschwingungen mit bis zu 30000 Hz. Diese sind für sich alleine für das menschliche Gehör nicht hörbar. Nur zusammen mit dem Grundton wird ein Klang wahrnehmbar, welcher einem Instrument zu zuordnen ist. So erkennen wir; das sind eine Geige, das eine Flöte und das ein Klavier.

Die Tonfolge eines Musikstückes lässt sich nicht nur mit Noten darstellen. Es ist reine Mathematik. Eine bestimmte Zahlenfolge kann genauso zur Darstellung angewandt werden. Das geschieht heute in der Digitaltechnik.

Wie jedermann weis, ruft Musik Gefühle auf. Wiederum zeigt sich die Individualität der Menschen. So kann eine Melodie fröhlich, eine andere traurig machen. Die nüchterne Physik bewirkt in uns Empfindungen.

In der Frühzeit wurde Musik zunächst nur gemacht, um das Tanzen zu untermalen. Rhythmische Klänge bestimmten die Musik. Melodien wurden erst später gespielt. Das hängt auch mit der Entwicklung der Instrumente zusammen. Diese waren zuerst Schlaginstrumente, wie Trommeln und Ähnliches. Mit dem Aufkommen von Zupf- Streich- und Blasinstrumenten wurden dann auch Melodien erzeugt. So gab es am Anfang überwiegend Volkstänze. Mit der Zeit wurden die Weisen selbstständig. Wenn auch Rhythmus eine gewisse Stimulanz erzeugt, waren es doch erst später die Melodien, welche tiefer gehende Empfindungen hervorriefen. Musik aktiviert jede Region im Gehirn. Der Hörsinn entwickelt sich beim ungeborenen Baby gleich als Zweiter nach dem Tastsinn. Da ein Mensch die Ohren nicht wie die Augen schließen kann, ist er bemüht störende Geräusche durch angenehme zu überlagern. Naturgeräusche wie Meeresbrandung, Blätterrauschen, Vogelgezwitscher oder fließendes Wasser in einem Bach werden nicht als lärmend oder unangenehm empfunden. Musik gehört auch dazu.

Musik kann vieles bei den Menschen auslösen. Besonders wenn sie nach der Kontrapunkt- und Harmonielehre erklingt. Diese Lehrsätze legen die Tonfolge und Akkorde fest. In der klassischen Musik ist das selbstverständlich. Viele Komponisten haben beim Komponieren die verschiedensten Dinge im Sinn. Manche geben die Natur wieder. Vivaldi mit den „Vier Jahreszeiten" oder Beethovens 6. Symphonie die „Pastorale". Andere untermalen mit ihren Kompositionen eine Geschichte, wie das in Opern, oder in neuer Zeit in Musicals der Fall ist. Filme kommen ohne musikalische Begleitung nicht mehr aus. Mit Werken wie Symphonien werden Stimmungen wieder gegeben und vor allem beim Zuhörer wachge-

rufen. Musik ist international. Ohne Text wird sie von fast allen Völkern verstanden. Es gibt Musikstücke, welche über Grenzen und Zeiten hinweg die Herzen der Menschen bewegen. Das Weihnachtslied „Stille Nacht, Heilige Nacht" wird auf der gesamten Welt geliebt und ist damit das beste Beispiel. Musik ist geeignet die Welt zu verbessern. Robert Schuhmann – ein berühmter Komponist der Romantik - sagte einst:
„Wer Musik liebt, ist selten unglücklich"
Ein anderer kluger Mann hat gesagt:
„Die großen Komponisten wie Bach, Mozart oder Beethoven erheben mit ihrer Musik den Geist zu kosmischen Spähren, dennoch bleiben wir mit den Füßen auf der Erde".

Beim Schreiben dieses Buches höre ich nebenbei einen Radiosender, welcher ausschließlich Klassik und Filmmusik sendet. Diese Klangwelt lullt mich ein und beflügelt mich zugleich. So eine Art der Musik beruhigt. Sie hilft

Kranken sich besser zu fühlen. Bei Kleinkindern wird die geistige Entwicklung gefördert mit mehr Intelligenz und Kreativität. Das ist durch viele Studien belegt. Musik weckt Erinnerungen und ruft Sehnsüchte hervor. Das alles heute rein physikalisch. Wenn nicht gerade live, wird sie fast nur digital und elektronisch wieder gegeben. So wirkt also die Physik auch um Emotionen auszulösen.

13

„Träume sind Schäume", sagt der Volksmund. Ganz so verhält es sich dann wohl doch nicht. Träume sind zwar oft rätselhaft, irrational und völlig durcheinander, aber sie spiegeln unser arbeitendes Gehirn im Schlaf. Was da wirklich im Gehirn vor sich geht, ist bis heute weitgehend unbekannt. Die moderne Schlaf- und Traumforschung geht davon aus, dass das Gehirn die Tageseinflüsse verarbeitet. Das Gehirn sortiert jedoch nicht logisch, wie wir es im Bewusstsein tun. Bei der bewussten Erinnerung an den Traum meint man dann, es ginge alles wirr durcheinander. Dass unser Gehirn entgegen unserer logischen Denkweise arbeitet, kann man am im Kapitel 6 genanten Merksatz sehen. Sich die Reihenfolge der Planeten zu merken ist schwieriger, als ein ganzer Satz.

Man weiß, dass jeder Mensch träumt. Viele können sich nach dem Erwachen erinnern. Andere aber auch gar nicht. Was es mit den

Träumen endlich auf sich hat, bleibt immer noch schleierhaft.

Schon in der Frühzeit der Zivilisation beschäftigten die Menschen sich mit den Träumen. Könige und Fürsten hielten sich sogar eigene Traumdeuter an ihrem Hof. Über die Bedeutung von Träumen wurden unzählige Bücher geschrieben. Psychologen, allen voran Siegmund Freud, veröffentlichten Abhandlungen über die Auslegung der Träume. In den nächtlichen Träumen geht es selten real zu. Oder könnte es sein, das Geist uns etwas vormacht, was unserem Verständnis entzogen ist, aber tatsächlich möglich ist? Schon vor 4000 Jahren waren chinesische Gelehrte der Meinung, beim Träumen würde sich unser Geist von uns lösen und eine Verbindung mit dem Überirdischen eingehen.

Ganz anders verhält es sich mit den sogenannten Wach- oder Tagträumen. Hier handelt es sich eigentlich immer um Reales. Meist sind es Wünsche vielfältiger Art. Wie aus vielen Berichten hervor geht, gehen solche Träume manchmal auch in Erfüllung. Wer nur sehr fest an die Verwirklichung glaubt, sich den Traum ganz greifbar vorstellt, geht mit dem Geist eine Verbindung ein. Dann kann es zur Umsetzung in die Wirklichkeit kommen. Wie schon mehrfach erwähnt, sind Gedanken, besser der Geist – die dunkle Energie - absolut in der Lage ein Geschehen auszulösen. Dabei kann dann durchaus auch Materie bewegt werden.

Auf jeden Fall machen Träume eines deutlich, die unendlichen Möglichkeiten unseres Denkens. Egal ob rational oder völlig unlogisch. Die Verstrickungen der geistigen Abläufe sind unerschöpflich.

14

Sterbende verlieren mit dem Tod 21 Gramm ihres Gewichtes. Das Gewicht ihrer Seele. Das ist aber durch rein gar nichts nachzuweisen und gehört wohl in das Reich der Fabeln. Weder weiß man, wo der Sitz der Seele im Körper ist, noch ist sie durch keinerlei Materie feststellbar. Trotzdem sind die allermeisten Menschen davon überzeugt, dass es eine Seele gibt.

Gott gibt dem Menschen eine Seele. Das hat schon Michelangelo vor 500 Jahren bei der Ausmalung der Decke in der Sixtinischen Kapelle im Vatikan in Rom dargestellt. Was ist eine Seele? Könnte es nicht sein, sie ist Mittler zwischen unserem beschränkten Geist in uns und dem allumfassenden Geist, der dunklen Energie?

Es kommt hin und wieder vor, dass Menschen für kurze Zeit klinisch tot sind. Man bezeichnet das als Nahtod. Aus vielen ihrer Berichte weiß man von ihren Empfindungen in der kurzen Zeit des nicht am Leben seins. Sie erzählen fast alle, dass sie eine große Leichtigkeit fühlten. Ein Glücksgefühl von ganz besonderer Art stellte sich ein. Oft schwebten sie in die Höhe und sahen sich selber am Boden. Manche sprechen auch vom Verlassen eines Tunnels in strahlendes Licht. Das aber hat wohl eher mit dem Geburtserlebnis zu tun. Nur widerwillig kehrten die Meisten in ihren Körper zurück.

Neuste wissenschaftliche Untersuchungen in USA, Australien und Großbritannien unter der Leitung von Dr. Sam Parnia, New York, mit 2060 Patienten und ihren Berichten über ihre Nahtoderfahrungen festigen die Vermutung, dass es Gedanken und Erfahrungen nach dem körperlichen Tod gibt. Das lässt den Schluss zu, unsere Seele existiert auch nach dem Körpertod weiter. Geht die Seele nach dem Tod in den Kosmos über? So wie im Volksglauben in den Himmel? Verbindet sich die Seele mit dem Geist?

Höchstwahrscheinlich geht die Seele mit der dunklen Energie in eine Einheit über. Bedenkt man, wie viele millionen und aber millionen Seelen bereits im Universum gelandet sind, ist das durchaus denkbar. Denn die dunkle Energie ist wegen ihrer unermesslichen Größe unbegrenzt aufnahmefähig.

Mit der Vereinigung mit dem Geist kommt die absolute Erkenntnis. Das Paradies. Auch das haben unsere Ahnen bereits gewusst und in der Bibel festgehalten. Die Fragen werden wohl nie beantwortet. Aber eine Bejahung ist immerhin möglich.

Die Seele enthält alles, was einen Menschen ausmacht. Sie ist ebenfalls ganz individuell. Gemessen an der immensen Größe des Geistes, der dunklen Energie, welche – zur Erinnerung - 70 % des Universums ausmacht, ist unsere Seele Mikrokosmos. Es wäre ein Fehler, den Glauben an die Menschen zu verlieren. Gott glaubt auch an sie. Hätte er sonst seinen Sohn in Menschengestalt auf die Erde gelassen? Geist, die dunkle Energie, ist untrennbar mit Menschen und Sternen verbunden. So wie im Universum vieles bereits perfekt und unveränderlich ist, wird die dunkle Energie – Geist und Gott - die Unvollkommenheit der Menschen zur Vollkommenheit bringen.

15

Fasst man nun alles zusammen, ergibt das ein denkbares und logisches Ergebnis. Die dunkle Energie ist im Kosmos vorhanden. Andernfalls wäre unser Universum nicht so, wie wir es kennen. Die dunkle Energie macht den größten Teil des Universums aus – wie schon mehrfach erwähnt. Sie ist also bestimmend und übergeordnet. Das Denken und die Emotionen der Menschen sind zweifelsfrei gelenkt. Alle Fakten sprechen dafür. Menschen stellen in der Entwicklung aller Lebewesen die höchste Stufe da. Ihre Gehirne sind von allen die einzigen, welche abstrakt denken können. Geist erfassen können.

Im Großen und Ganzen sieht alles sehr positiv aus. Störend sind – noch – die Unzulänglichkeiten des menschlichen Verhaltens. Aber auch das wird mit der fortschreitenden Evolution in ferner Zukunft deutlich besser. Betrachtet man die Geschichte der Menschheit, analysiert das Universum und trifft Überlegungen zum Geist, kommt es unweigerlich zur uneingeschränkten Verbindung von alledem.

Der Aufbau unserer Welt ist fantastisch. Angefangen mit den Quarks, den Atomen, Molekülen, Elementen und weiter bis zu Planeten, Sonnen bis zu den Galaxien. Alles greift ineinander. Das ist kein Zufall. Dahinter steckt Sinn. Sinn wiederum ist mit Geist gleichzusetzen, also der dunklen Energie.

Nachwort

Bei meinen Recherchen zur dunklen Energie habe ich so gut wie nichts Konkretes gefunden. Eine Erklärung bleibt aus. Sicher scheint nur zu sein, dass es sie gibt. So denke ich, können meine Gedanken und Schlussfolgerungen doch gar nicht so abwegig sein. Wissenschaft und abstrakte Gedanken schließen einander nicht aus. Im Gegenteil, manches in der Wissenschaft ist erst durch abstruse Gedankensprünge Realität geworden.

Natürlich habe ich meine Betrachtungen aus christlicher Sicht angegangen, da ich aus diesem Kulturkreis komme. Bemüht um Neutralität, denke ich jedoch, dass vieles auch in anderen Kulturen Bestand hat. In jedem Fall hoffe ich aber, dass meine Gedanken andere anregen und sie vielleicht zu besseren, nachweisbaren Ergebnissen kommen.

Der Autor

Inhalt:

Vorwort	7
Menschen	
1 Drachen	9
2 Zivilisation	18
3 Das Gehirn	25
4 Individuen	31
5 Gedanken	37
Sterne	
6 Das Universum	43
7 Lichtgeschwindigkeit	52
8 Sternenhimmel	58
Geist	
9 Geist ist dunkle Energie	63
10 Unterbewusstsein	72
11 Gedankenübertragung	75
12 Musik	78
13 Träume	84
14 Die Seele	87
15 Zusammenfassung	91
Nachwort	93

Auswahlbücher:
Werner Stein „Der große Kulturfahrplan"
F. A. Herbig Verlag, München

Die Bibel „Die gute Nachricht in modernem Deutsch"
Deutsche Bibelgesellschaft, Stuttgart

Dr. Joseph Murphy „Die Macht ihres Unterbewusstseins"
Ariston Verlag, Genf

Erich Fromm „Märchen Mythen Träume
A. Koch's Verlag Nachfolger, Berlin

Thorwald Dethlefsen „Schicksal als Chance"
C. Bertelsmann Verlag, Gütersloh

Hoimar v. Ditfurth „Der Geist fiel nicht vom Himmel"
                        „Kinder des Weltalls"
                        „Am Anfang war der Wasserstoff"
Hoffmann u. Campe Verlag, Hamburg

Heinrich Hemme „Die Relativitätstheorie"
Weltbild Verlag, Augsburg

James Trefil „5 Gründe, warum es die Welt nicht geben kann"
Rowohlt Verlag, Reinbek

Lee Smolin „Warum gibt es die Welt"
C. H. Beck Verlag, München

Paul Davies „Gott und die moderne Physik"
Bechtermünz Verlag, Eltville

Brian Green „Das elegante Universum"
Siedler Verlag, Berlin